AF358034

NOTE

sur

LA CLAVELÉE ET LA CLAVELISATION

par

M. F. PEUCH

PROFESSEUR A L'ÉCOLE VÉTÉRINAIRE DE LYON

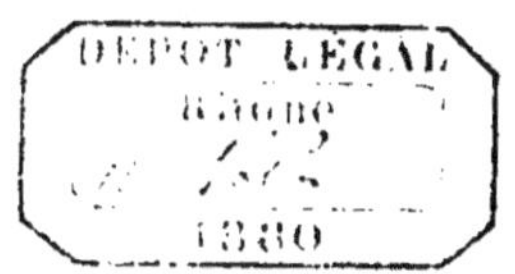

LYON

IMPRIMERIE PITRAT AINÉ

RUE GENTIL, 4

—

1879

Lu à la Société d'Agriculture, Histoire naturelle et Arts utiles de Lyon,
dans sa séance du 29 novembre 1878

NOTE

sur

LA CLAVELÉE ET LA CLAVELISATION

par

M. F. PEUCH

PROFESSEUR A L'ÉCOLE VÉTÉRINAIRE DE LYON

Parmi les maladies du bétail, il en est une, particulière aux animaux de l'espèce ovine, et qui détermine parfois des pertes sérieuses : je veux parler de la *clavelée* ou *petite vérole des moutons*. Cette maladie est éminemment contagieuse, et la contagion s'effectue d'une manière très variée. Ainsi la clavelée est transmissible par l'air, par les aliments et par les excréments. L'homme et les animaux — les chiens notamment — peuvent être aussi des agents actifs de la contagion. L'atmosphère d'une bergerie qui renferme des moutons claveleux se charge bien vite d'émanations morbides, virulentes, à tel point que si dans un troupeau de moutons un seul animal contracte la clavelée, toutes les autres bêtes qui composent le troupeau doivent être considérées comme suspectes. — La clavelée est une maladie éruptive comme la petite vérole ou variole de l'homme, et les boutons qui la caractérisent couvrent parfois presque complètement toute la surface du corps : elle est dite alors *confluente* ; dans d'autres cas les boutons, moins nombreux, sont disséminés, et la clavelée est *discrète*. — Chaque bouton ou mieux chaque pustule claveleuse renferme une humeur d'abord limpide, de couleur ambrée, que l'on appelle le *claveau*, de même que la pustule vaccinale que tout le monde connaît contient de l'humeur vaccinale ou *vaccin*. — Le *claveau* de même que le vaccin peut être inoculé à la lancette, mais il est beaucoup plus virulent que celui-ci. Ainsi les expériences de M. Chauveau ont démontré que l'inoculation de l'humeur vaccinale diluée au 1/50 échoue presque constamment, tandis que l'inoculation de l'humeur claveleuse étendue au même titre, réussit à tout coup ; ce n'est que quand la dilution claveleuse arrive au 1 1500 que l'inoculation offre autant d'incertitude qu'avec la dilution vaccinale au 1/50 ; d'où cette conclusion que les éléments figurés, qui sont les agents actifs de la virulence sont 30 fois plus nombreux dans le claveau que dans le vaccin. — L'inoculation du claveau ne donne pas lieu immédiatement, de même que celle du vaccin, à des effets appréciables ; pendant quelques jours, six à huit en moyenne, l'humeur virulente semée dans l'organisme germe, pour ainsi dire ; c'est la période d'*incubation*, à laquelle succède un état fébrile, avec tristesse et abattement, marquant l'*invasion* de la maladie. Celle-ci s'annonce par le développement de petites taches ou points rouges, qui se montrent d'abord autour des yeux, sur la face, les lèvres, les ailes du nez, la face interne des cuisses, les aines, le fourreau, les mamelles, enfin sur toutes les régions dépourvues de laine. Bientôt ces taches s'agrandissent et deviennent d'une nuance plus vive, en formant une légère saillie du volume d'une lentille à celui d'une pièce de cinquante centimes ou d'un franc et dont la forme est généralement celle d'un disque régulier. — Au bout de trois ou quatre jours, ce bouton ou pustule blanchit dans son centre, tandis que la périphérie reste rougeâtre, et peu à peu le bouton se transforme en pustule. Celle-ci est aplatie,

discoïde, d'aspect blanchâtre hyalin, et, en enlevant la pellicule
épidermique qui en forme le revètement extérieur, on voit
sourdre un liquide clair, limpide, de couleur ambrée : c'est le
claveau dans son plus grand état de concentration. La clavelée en est arrivée alors à la *période de sécrétion*, et celle-ci
dure de trois à cinq jours.   Au fur et à mesure que le temps
s'écoule, le liquide sécrété par les pustules se trouble, s'é-
paissit, devient blanc-grisâtre et purulent. — Puis il se con-
crète en s'unissant à la couche épidermique pour former une
croûte. C'est alors que commence la cinquième et dernière
période du développement de la clavelée régulière, c'est-à-
dire la période de desquamation, pendant laquelle les croû-
tes qui recouvrent les pustules desséchées, se détachent peu
à peu sous forme d'écailles ou de poussière qui se dépose sur
le sol ou flotte dans l'air.

Quand les périodes de la clavelée se succèdent régulière-
ment, que l'éruption est discrète et n'entraine pas la mort
des sujets affectés, cette maladie ne dure pas moins de dix-
huit à vingt jours, en moyenne, pour chaque bête. Or, quand
la clavelée se déclare dans un troupeau de moutons, elle ne
se montre pas du même coup sur toutes les bètes qui composent ce troupeau Elle commence par se montrer sur quelques moutons et parait tout d'abord bénigne : c'est pourtant
l'*invasion de l'épizootie*, et cette première attaque, que l'on
appelle *bouffée* ou *lunée*, dure environ un mois. Ensuite elle
sévit avec une intensité beaucoup plus grande sur la plupart
des autres bètes, et cela pendant trente ou quarante jours :
c'est la *période d'augment* ou seconde bouffée: enfin, vers le
troisième mois, les animaux qui n'avaient pas été atteints
jusqu'alors deviennent malades: mais dans cette dernière
phase comme dans la première, la maladie est relativement
bénigne ; c'est la *période de déclin* ou troisième bouffée, de
telle sorte que la durée totale de la clavelée est en moyenne

de trois à quatre mois. — Il n'est pas rare qu'elle se prolonge pendant cinq à six mois, alors même que l'éruption s'effectue d'une manière régulière. Lorsque la clavelée suit une marche irrégulière, la fièvre est très prononcée, les bêtes sont très abattues et finissent par ne plus pouvoir se tenir debout, la laine s'arrache avec la plus grande facilité, la peau est rouge et très douloureuse; il s'écoule par la bouche une bave filante et par les narines une matière épaisse, jaunâtre, striée de sang, qui, en se concrétant au contact de l'air, rend l'asphyxie toujours imminente. Les pustules sont confluentes, elles sont d'un rouge foncé et même noirâtre; elles sécrètent une matière épaisse à odeur fétide et prennent l'aspect d'un ulcère ou d'un chancre.

Dans quelques cas, l'éruption se fait dans les parties profondes du corps, dans les cavités nasales notamment, et les animaux meurent asphyxiés ou bien ils sont pris d'une diarrhée qui les épuise très promptement. — La mortalité produite par la clavelée est, en moyenne, dans notre pays, de 20 pour 100, et si l'on se rappelle que c'est une maladie contagieuse dont la durée est en somme fort longue, on conviendra qu'elle est bien de nature à déterminer des pertes sérieuses : aussi depuis fort longtemps a-t-on cherché à en prévenir l'extension par des mesures de police sanitaire. Ainsi, un arrêt de la Cour du Parlement, en date du 23 décembre 1778, ordonne que les moutons, brebis et agneaux qui seront attaqués de la clavelée seront séparés de ceux qui seront sains, fait défenses à toutes personnes de les exposer en vente dans les foires et marchés, et aux bouchers de les tuer et d'en débiter la viande. — Une ordonnance du préfet de police de Paris, du 16 vendémiaire an X (8 octobre 1801), concernant le claveau des moutons, prescrit des mesures sanitaires semblables à celles de l'arrêt du Parlement, savoir : la déclaration, la visite, l'isolement, l'enfouissement des cadavres avec leur peau et laine, la désinfection de la bergerie, la défense d'exposer en vente des moutons atteints de clavelée, à peine de 300 francs d'amende sans préjudice des poursuites à exercer devant les tribunaux.

Jusque-là, il n'est pas question, dans les documents administratifs, d'une mesure de police sanitaire au sujet de laquelle diverses opinions ont été admises : je veux parler de la *clavelisation*. La clavelisation est une opération qui consiste à inoculer le virus claveleux ou claveau à des bêtes saines dans le but de donner naissance à une clavelée bénigne et de les préserver dans l'avenir des atteintes de cette maladie. Le principe de la clavelisation repose sur ce fait que, de même que la variole humaine n'attaque qu'une seule fois le même individu, de même la clavelée ou petite vérole des moutons ne se développe qu'une seule fois sur les bêtes à laine.

En pratiquant la clavelisation, on détermine chez les animaux inoculés une clavelée qui est ordinairement bénigne ; on peut faire naître cette maladie à l'époque de l'année qui paraît le plus convenable sous le rapport de la saison, de l'état d'embonpoint des bêtes à laine, de l'état de gestation ce qui permet d'éviter les accidents qui accompagnent la clavelée naturelle lorsqu'elle apparaît pendant l'hiver ou pendant les fortes chaleurs, durant la période de l'allaitement, ou lorsque les troupeaux sont retenus dans les bergeries. — En outre, et c'est l'avantage principal de la clavelisation, on peut faire apparaître en même temps la clavelée sur toutes les bêtes à laine d'un troupeau dans lequel la clavelée vient de se déclarer. — On a vu qu'en pareil cas la maladie n'attaque pas d'emblée tous les animaux composant le troupeau, et qu'elle sévit par bouffées dont la durée totale est d'environ quatre à cinq mois. Pendant tout ce temps, le propriétaire du troupeau est obligé de le séquestrer dans la bergerie ou de le cantonner dans un pâturage spécial et de se conformer strictement aux lois et règlements de police sanitaire, ce qui ne laisse pas d'être onéreux ; tandis qu'avec la clavelisation la maladie se développe sur toutes les bêtes à la fois et sa durée totale n'est que d'un mois à cinq semaines : le troupeau est désormais à l'abri de la contagion. Aussi a t on dit « que si la clavelisation était universellement adoptée, elle rendrait absolument inutiles toutes les mesures sanitaires possibles. » — En théorie, cela peut se concevoir : voyons si les faits de la pratique donnent raison à cette vue de l'esprit. — A diverses reprises, l'autorité administrative a voulu rendre obligatoire la clavelisation de toutes les bêtes à laine d'une contrée dans laquelle la clavelée s'était déclarée. Ainsi, en 1805, dans les Landes : en 1815, dans le Pas de Calais ; en 1822, dans la Somme, les préfets de ces départements ordonnèrent la clavelisation, et il n'a pas été démontré que les résultats obtenus par cette pratique préventive fussent favorables ; bien plus, dans le Pas de Calais, malgré les arrêtés préfectoraux, les cultivateurs refusèrent de laisser inoculer leurs troupeaux : les délinquants ne furent point traduits devant les tribunaux et la mesure resta lettre morte. Pareille chose s'est produite en 1846, dans le département de la Somme. Le 10 juillet 1846, une circulaire préfectorale recommande la clavelisation. Plusieurs vétérinaires pratiquent alors cette inoculation préventive ; mais la mortalité est forte ; quelques-uns assurent que la clavelisation est inutile, attendu la bénignité de la maladie dans beaucoup de communes ; d'autres ne peuvent parvenir à se procurer de bon virus ; enfin plusieurs pensent que l'inoculation ne peut être imposée comme mesure de police sanitaire. Le préfet, embarrassé, consulte le ministre de l'agriculture, et, en attendant sa réponse, il prend, à la date du 3 septembre, un arrêté dans lequel il ordonne la déclaration, la visite, le cantonnement, la marque, etc., mais il en excepte la clavelisation. — En

Allemagne, en Autriche, en Russie, la clavelisation générale
a joui d'une certaine vogue ; on a même fondé des *instituts
de clavelisation*, c'est-à-dire des établissements dans lesquels
on entretenait des moutons inoculés avec soin et qui four-
nissaient un claveau de bonne qualité, toujours à la disposi-
tion des vétérinaires et des propriétaires. Eh bien, depuis
plusieurs années, on paraît avoir renoncé à cette pratique,
et, en 1864, on a supprimé l'Institut de Vienne notamment,
parce qu'on a remarqué que ces établissements constituaient
autant de foyers de contagion fort dangereux, car la clavelée
inoculée n'est pas toujours une maladie bénigne. Ainsi,
M. Garcin, vétérinaire départemental à Saint-Quentin, rap-
porte que lors de l'épizootie claveleuse qui s'est déclarée en
1872, dans le département de la Somme, la mortalité produite
par la clavelisation a été de 25 pour 100, ce qui est excep-
tionnel sans doute, car, dans le même département, en 1845
et 1846, la clavelée inoculée n'a produit qu'une mortalité de
8 pour 100 en moyenne, et, d'après M. Raynal, elle ne serait
même que de 1 pour 100.

Si on envisage maintenant la question à un autre point de
vue, elle ne laisse pas que de donner lieu encore à de vives
controverses. Ainsi, étant donnée une épizootie claveleuse,
l'administration aurait-elle le pouvoir d'imposer légalement
comme mesure d'utilité publique, la clavelisation des troupeaux menacés de la contagion et parfaitement bien portants ?
D'après les termes du § 5 du décret des 16-24 août 1790 et du
décret de l'Assemblée constituante concernant les biens et usa-
ges ruraux et la police rurale du 6 octobre 1791, on pourrait
croire, *a priori*, que, dans l'espèce, l'administration peut imposer la clavelisation ; on a même dit que jamais droit ne fut
plus absolu, et l'on ne voit pas, a-t-on ajouté, sur quoi il serait
possible de s'appuyer, sur quel texte, sur quelle base logique
même, pour contester ce droit. — Examinons. Le § 5 de

l'art. 3 du décret des 16-24 août 1790 de l'Assemblée constituante sur l'organisation judiciaire, qui détermine les objets
de police confiés à l'administration municipale, est conçu de
la manière suivante : « Les soins de prévenir, par des précautions convenables, et celui de faire cesser, par la distribution des secours nécessaires, les accidents et les fléaux calamiteux, les épizooties, en provoquant aussi, dans ces deux
cas, l'autorité des administrateurs, des départements et du
district. »

Le décret du 6 octobre 1791 prescrit aux corps administratifs d'employer tous les moyens de prévenir et d'arrêter
les épizooties. Sans doute au premier abord ces décrets paraissent donner à l'administration pleins pouvoirs pour imposer la clavelisation; mais n'est-il pas rationnel de penser
que les *moyens*, les *précautions*, les *secours* nécessaires que
les autorités municipales doivent s'empresser de faire mettre
à exécution pour *prévenir*, *arrêter*, *faire cesser* les maladies
épizootiques et contagieuses, ne doivent comprendre que les
mesures imposées déjà par les arrêts, décrets, ordonnances etc. concernant les maladies contagieuses, et particulièrement la clavelée? Or, la clavelisation n'étant ordonnée
par aucun règlement de police sanitaire, l'autorité ne peut
point, légalement, l'imposer en tant que mesure sanitaire.

Et puis, n'est-il pas vrai qu'un troupeau de bêtes à laine
étant une propriété immobilière par destination, cette propriété est *inviolable*? l'État peut bien en exiger le sacrifice
pour cause *d'intérêt public légalement constaté*, mais avec une
indemnité préalable. Or, l'État n'ayant point *légalement constaté* que la clavelisation était une mesure *d'utilité publique*,
l'administration ne peut exiger le sacrifice d'un troupeau de
bêtes à laine, qui doit être considéré comme propriété immobilière par destination. N'est-ce pas violer le droit de propriété que d'inoculer à des brebis pleines une maladie qui

pourra provoquer l'avortement ; à des brebis laitières qui donneraient moins de lait à leurs nourrissons ; à des agneaux dont l'accroissement sera retardé ; à des moutons gras qui maigriront peut-être et ne pourront être vendus qu'au bout d'un mois? N'est ce pas violer le droit de propriété que d'inoculer à des animaux bien portants une maladie qui peut devenir meurtrière?

En présence des renseignements contenus dans cette note et de la dissertation précédente, doit-on conseiller la clavelisation générale de tous les troupeaux d'un département dans lequel la clavelée s'est déclarée? Je ne le pense pas. Toutefois, je reconnais, avec tous ceux qui se sont occupés de cette inoculation, qu'elle offre l'avantage d'abréger la durée de la maladie et de diminuer, dans une large mesure, les inconvénients que présente l'isolement. — On conçoit aisément qu'il y a tout avantage, pour le propriétaire d'un troupeau dans lequel la clavelée vient de se déclarer, à faire claveliser les bêtes sur lesquelles les effets de la contagion ne se sont point encore fait sentir, et, sous ce rapport, on doit recommander cette pratique; mais on est forcé de convenir qu'en l'employant d'une manière générale et sur des troupeaux non contaminés, on porterait une atteinte grave à la propriété particulière et à la fortune publique.

www.ingramcontent.com/pod-product-compliance
Lightning Source LLC
LaVergne TN
LVHW010923180726
843502LV00010B/4272